UNITED
STATES

Le sais-tu ?

Neil Armstrong est le premier homme qui a marché sur la Lune. En tout, douze hommes ont marché sur la Lune au cours de six missions *Apollo*. Ils étaient bien équipés !

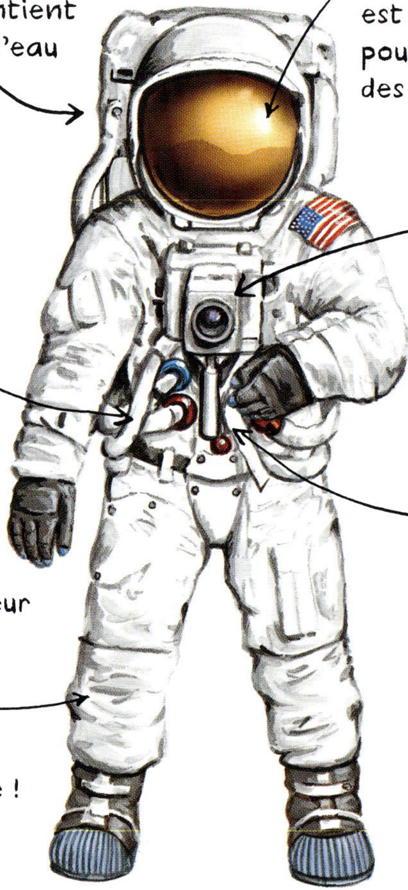

Sur la Lune les astronautes ont fait des expériences scientifiques, ils ont récolté des pierres et de la poussière.

La jeep lunaire
est très pratique
pour partir en exploration.

À la fin de la mission,
le module lunaire décolle et
rejoint le vaisseau dans l'espace.

Pour atterrir sur la Terre, le vaisseau largue son moteur
et ses réservoirs. Il ne reste que la cabine de pilotage,
où les astronautes sont bien à l'abri.

eurs à réaction géants !

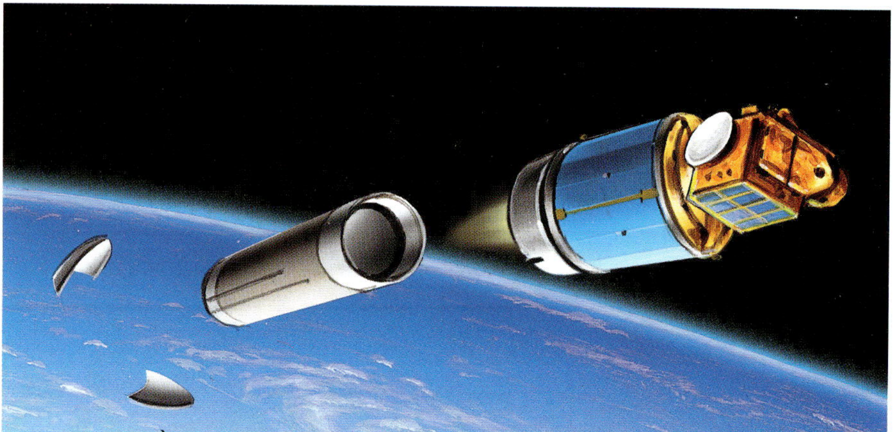

À 150 kilomètres d'altitude, il n'y a plus d'air ; la fusée arrive dans l'espace. Elle a déjà largué sa coiffe. Le premier étage se sépare, et le moteur du deuxième étage s'allume.

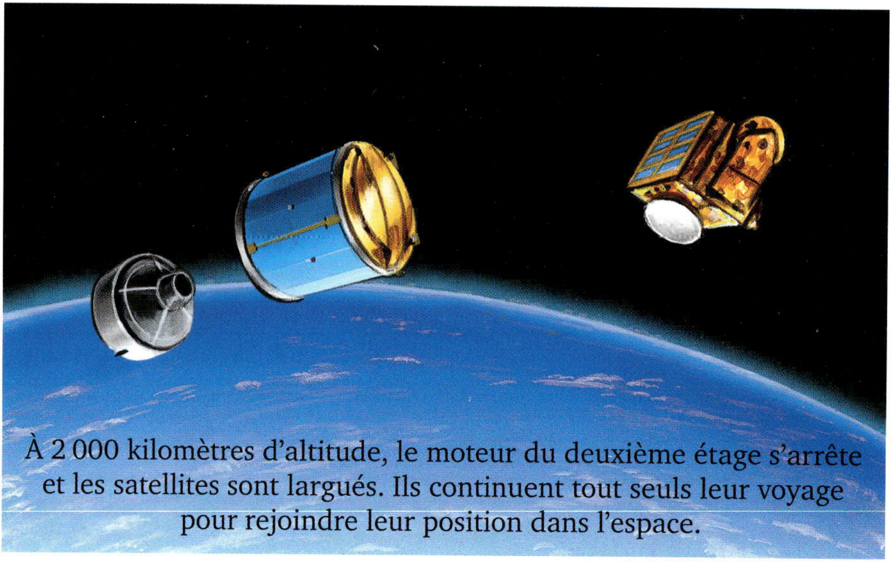

À 2 000 kilomètres d'altitude, le moteur du deuxième étage s'arrête et les satellites sont largués. Ils continuent tout seuls leur voyage pour rejoindre leur position dans l'espace.

Les fusées sont des

Au décollage, la fusée éjecte d'énormes quantités de gaz brûlants qui la poussent vers le ciel.

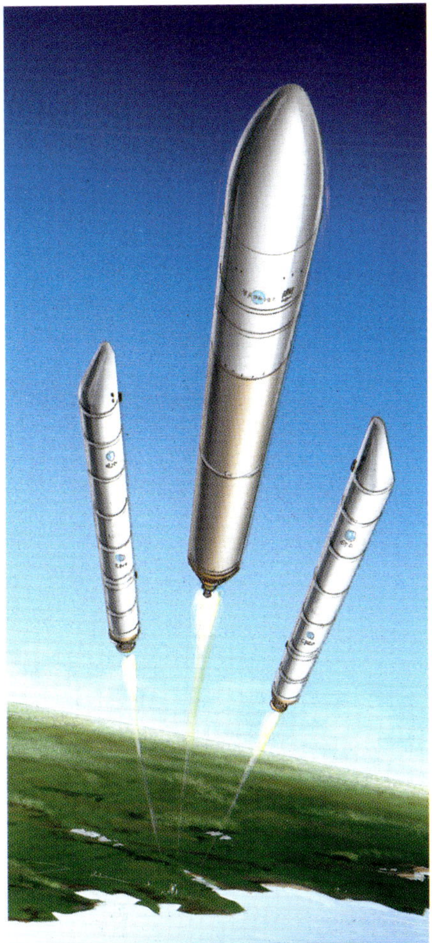

Après deux minutes de vol, *Ariane 5* est à 66 kilomètres d'altitude. Les deux moteurs qu'elle porte sur les côtés se détachent et tombent dans la mer.

Les fusées

À Chloé, Julien et Lucine.
E. C.

Illustration de couverture : Donald Grant

ISBN : 978 2 7470 1725-1
Dépôt légal : mars 2006 - 2e édition
Imprimé en Malaisie
Loi 49-956 du 16 juillet 1949
sur les publications destinées à la jeunesse

La petite encyclopédie Youpi des grands curieux

Les engins de l'espace

Emmanuel Chanut • Donald Grant

BAYARD JEUNESSE

e 380 000 kilomètres !

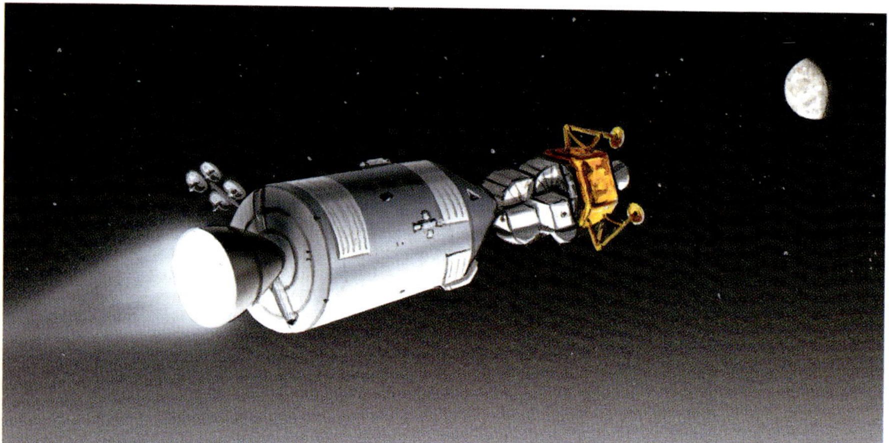

Le vaisseau *Apollo* file vers la Lune à plus de 40 000 km/h. À la moitié du chemin, les astronautes corrigent la direction en faisant fonctionner le moteur pendant quelques secondes.

Cinq jours après le décollage, deux astronautes se posent sur la Lune avec le module lunaire. Le troisième reste à bord du vaisseau *Apollo*, qui tourne autour de la Lune.

Terre-Lune : un voyag

…4, 3, 2, 1, Feu !
La fusée *Saturn V* décolle.
Tout en haut, dans le vaisseau *Apollo*, trois astronautes sont plaqués sur leurs sièges.

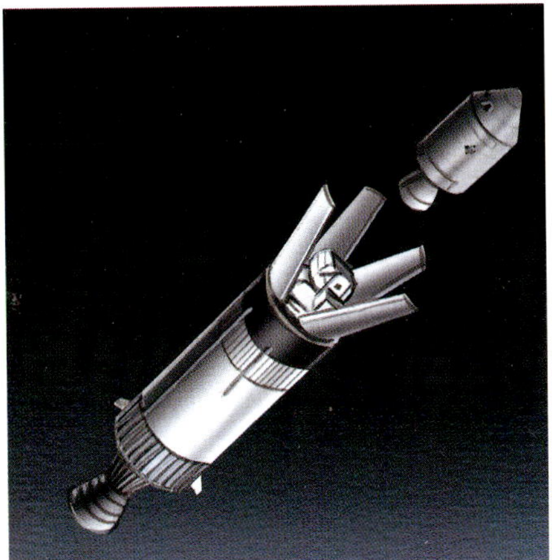

Dans l'espace, 3 heures et 17 minutes plus tard, le vaisseau se sépare du dernier étage de la fusée.

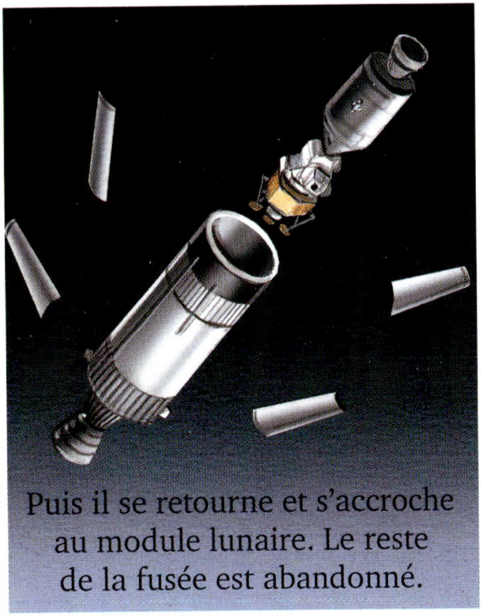

Puis il se retourne et s'accroche au module lunaire. Le reste de la fusée est abandonné.

La conquête de la Lune

En 1969, des hommes sont allés pour la première fois sur la Lune avec le vaisseau *Apollo*. C'était le début de la conquête spatiale.

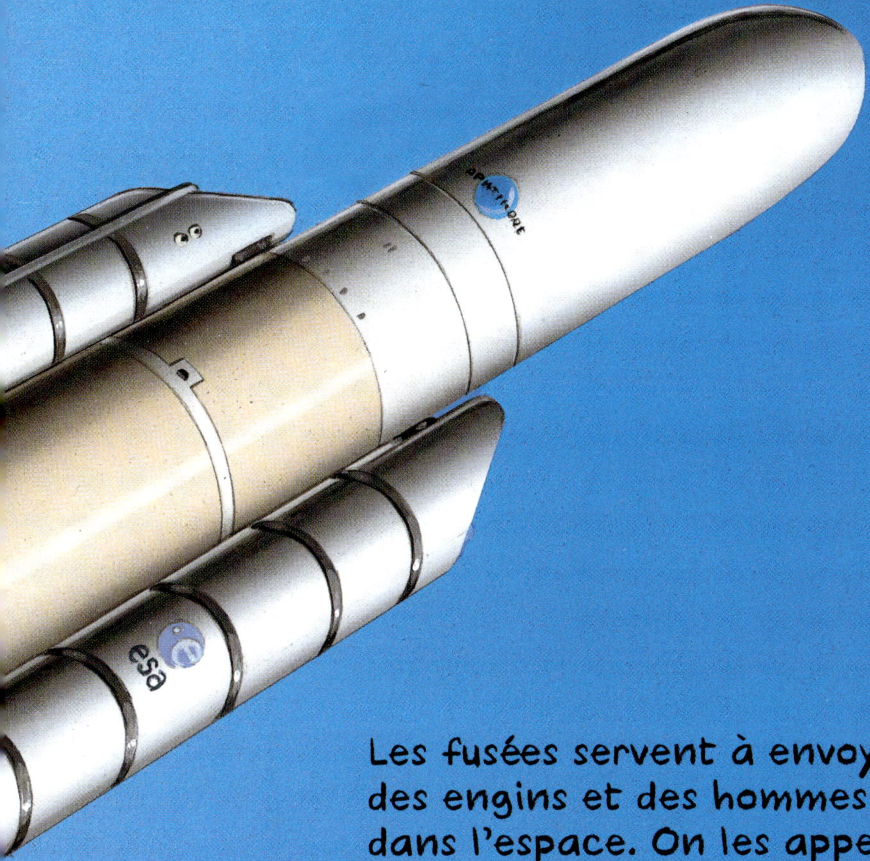

Les fusées servent à envoyer des engins et des hommes dans l'espace. On les appelle aussi des lanceurs.
Celle-ci s'appelle *Ariane 5*.

Le sais-tu ?

***Ariane 5* est une des fusées les plus puissantes du monde. Elle est capable de lancer sept satellites à la fois dans l'espace.**

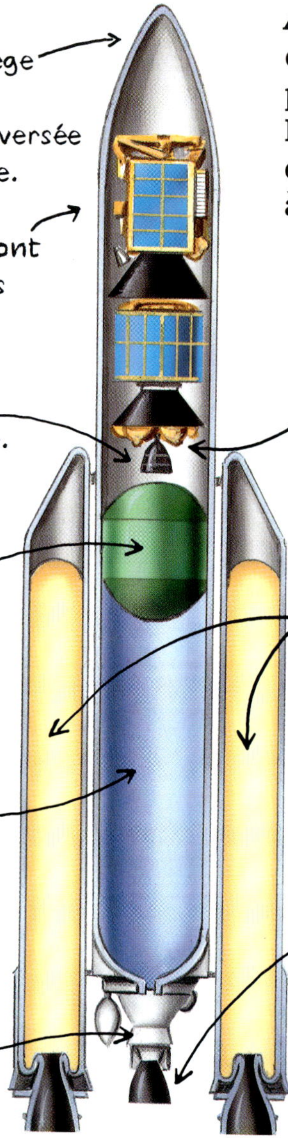

Ariane 5 **est une fusée européenne. Mais d'autres pays envoient des fusées dans l'espace. Environ 50 fusées décollent chaque année dans le monde !**

La fusée russe **Soyouz**

La fusée américaine **Atlas**

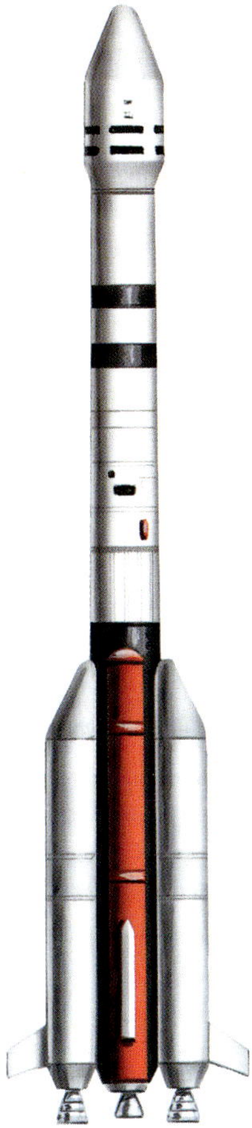

La fusée indienne **GSLV**

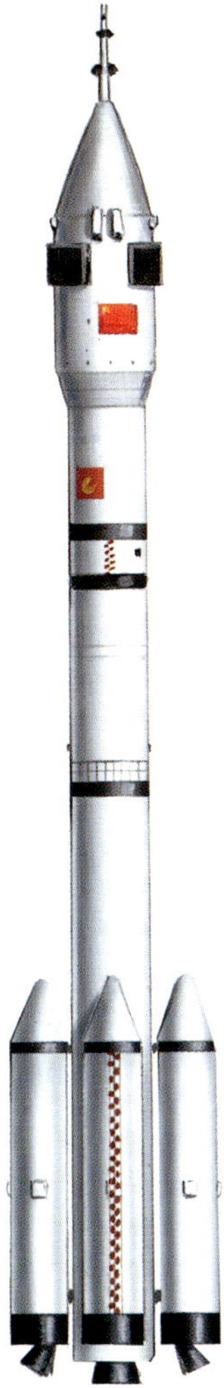

La fusée chinoise **Chang Zheng 2F** «longue marche»

niquer et à observer la Terre.

Spot photographie la Terre sous tous les angles.
Il permet de voir les maisons, les routes, l'eau et la végétation...
Il est très utile pour surveiller l'environnement.

Eutelsat W est un satellite de télécommunications.
Il sert à transmettre le téléphone, la radio et la télé
d'un endroit de la Terre à un autre.

Les satellites servent à com

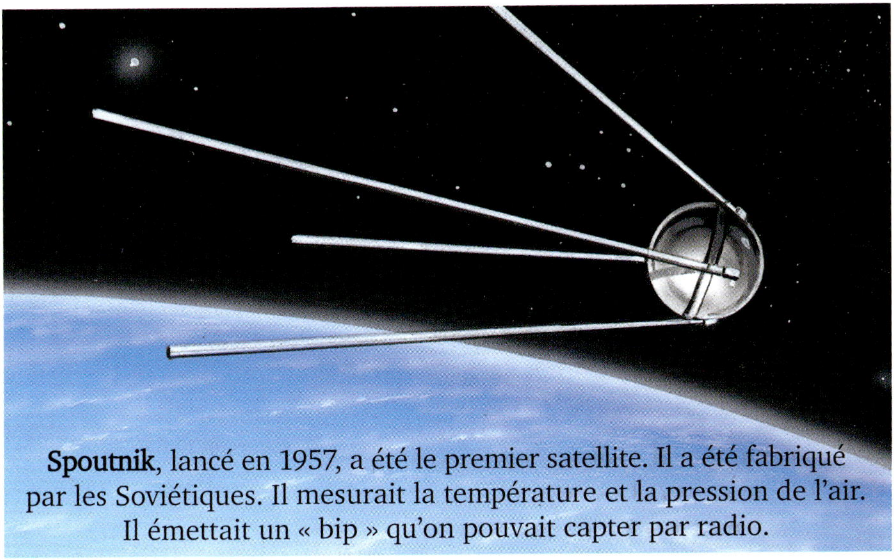

Spoutnik, lancé en 1957, a été le premier satellite. Il a été fabriqué par les Soviétiques. Il mesurait la température et la pression de l'air. Il émettait un « bip » qu'on pouvait capter par radio.

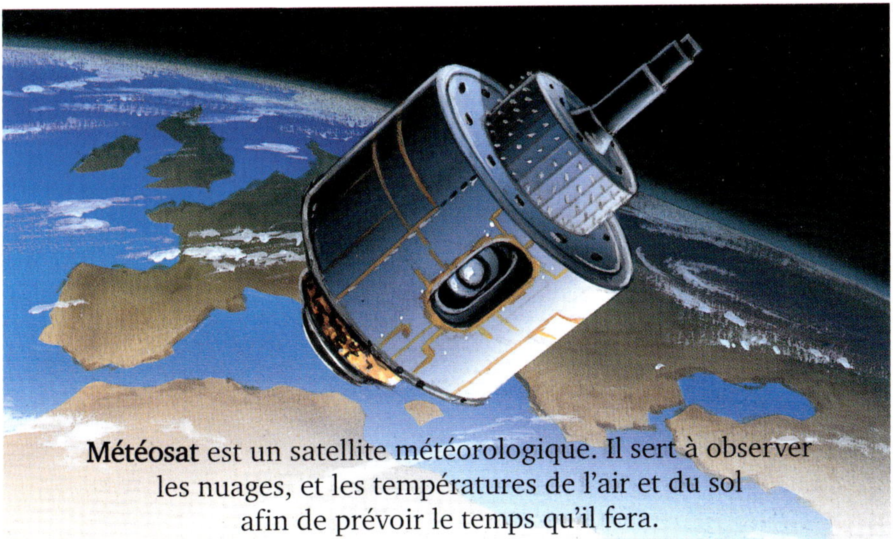

Météosat est un satellite météorologique. Il sert à observer les nuages, et les températures de l'air et du sol afin de prévoir le temps qu'il fera.

Les satellites

Les satellites tournent
sans cesse
autour de la Terre.
Celui-ci,
c'est le télescope
spatial *Hubble*.
Il sert à observer l'espace.

Le sais-tu ?

Les satellites sont des machines capables de fonctionner toutes seules. Ce sont de vrais robots, télécommandés depuis la Terre. Celui-ci est un satellite de télécommunications.

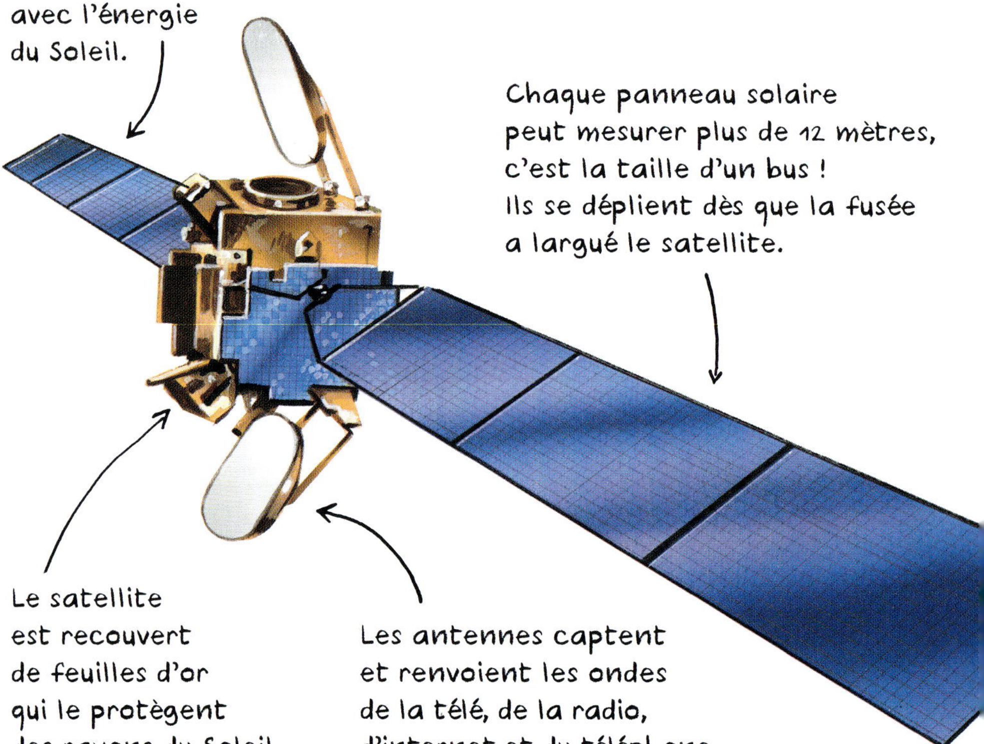

Il y a plus de deux mille satellites qui tournent autour de la Terre ; on dit qu'ils sont en orbite.

Certains satellites sont placés entre 600 et 1200 kilomètres d'altitude. Ils font plusieurs fois le tour de la Terre en une journée. On les appelle des **satellites à défilement**.

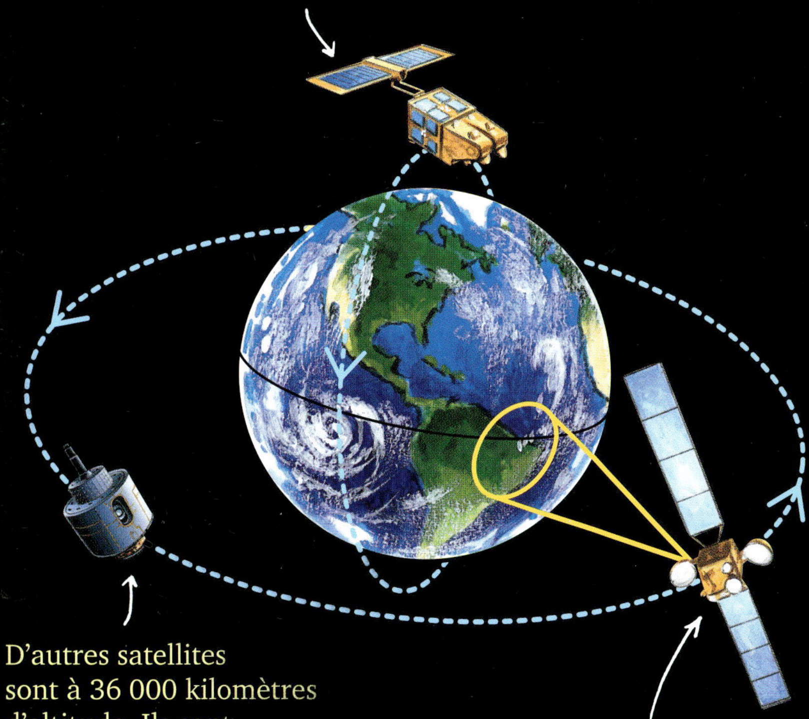

D'autres satellites sont à 36 000 kilomètres d'altitude. Ils sont placés juste au-dessus de l'équateur.

À cette altitude, ils tournent à la même vitesse que la Terre. Ils restent donc toujours au-dessus du même endroit. On les appelle des **satellites géostationnaires**.

nstruction à 400 km d'altitude !

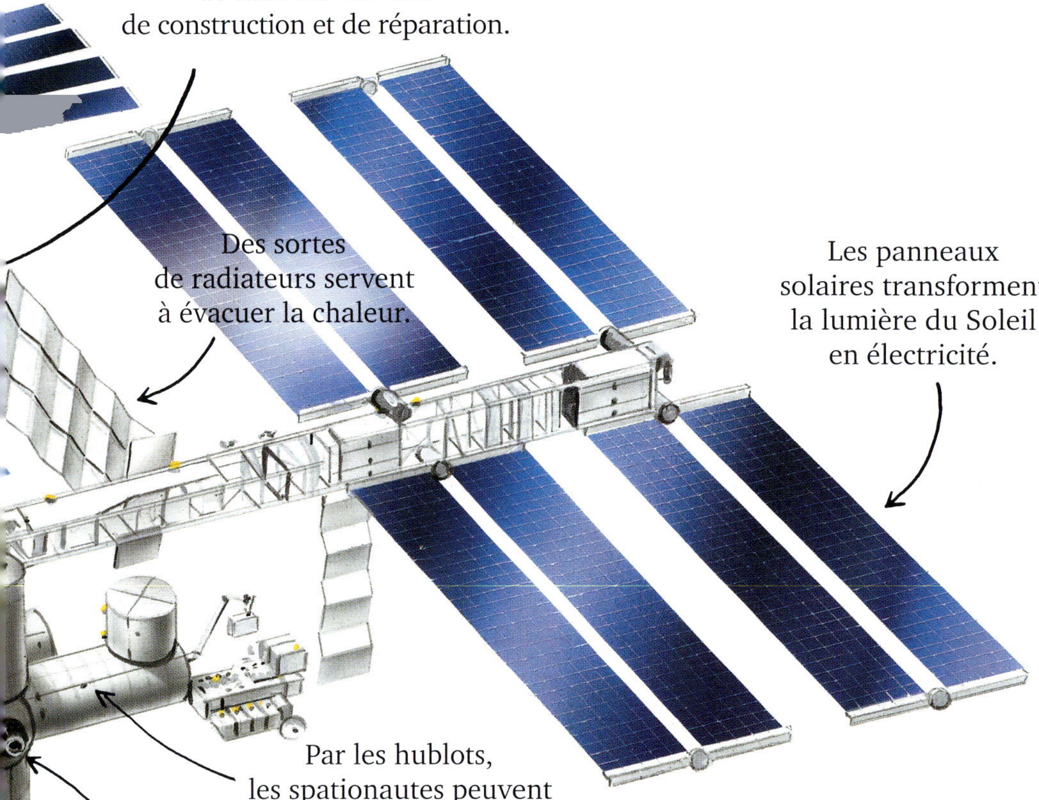

La station spatiale, un jeu de

La station spatiale n'est pas encore terminée. Dans quelques années, elle aura la taille d'un terrain de football. Voici à quoi elle ressemblera.

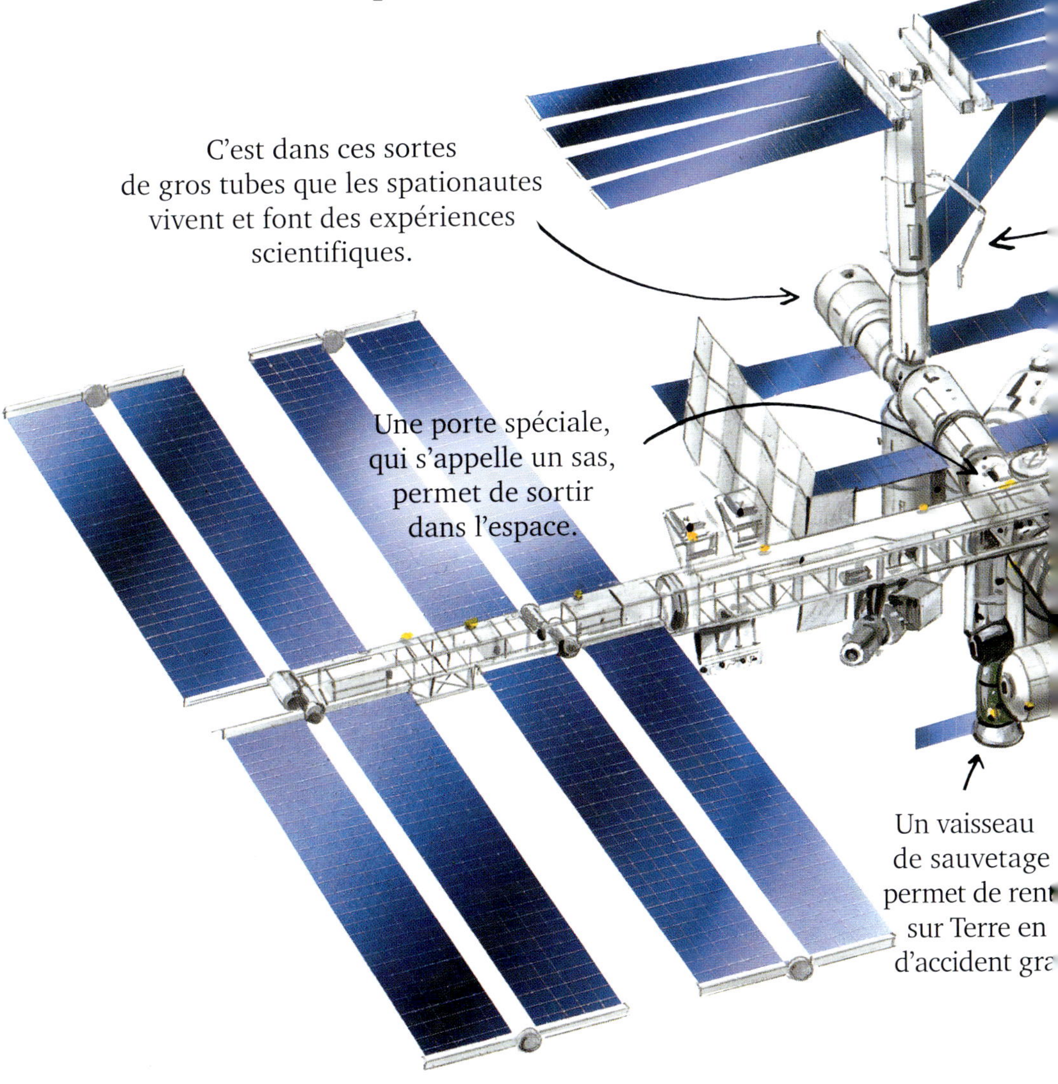

Les maisons de l'espace

Depuis 1998, plusieurs pays construisent ensemble dans l'espace un grand laboratoire habité : la station spatiale internationale.

Le sais-tu ?

**Dans l'espace, il n'y a pas de haut ni de bas ;
les spationautes sont en impesanteur.
Ils flottent dans l'air sans jamais tomber !**

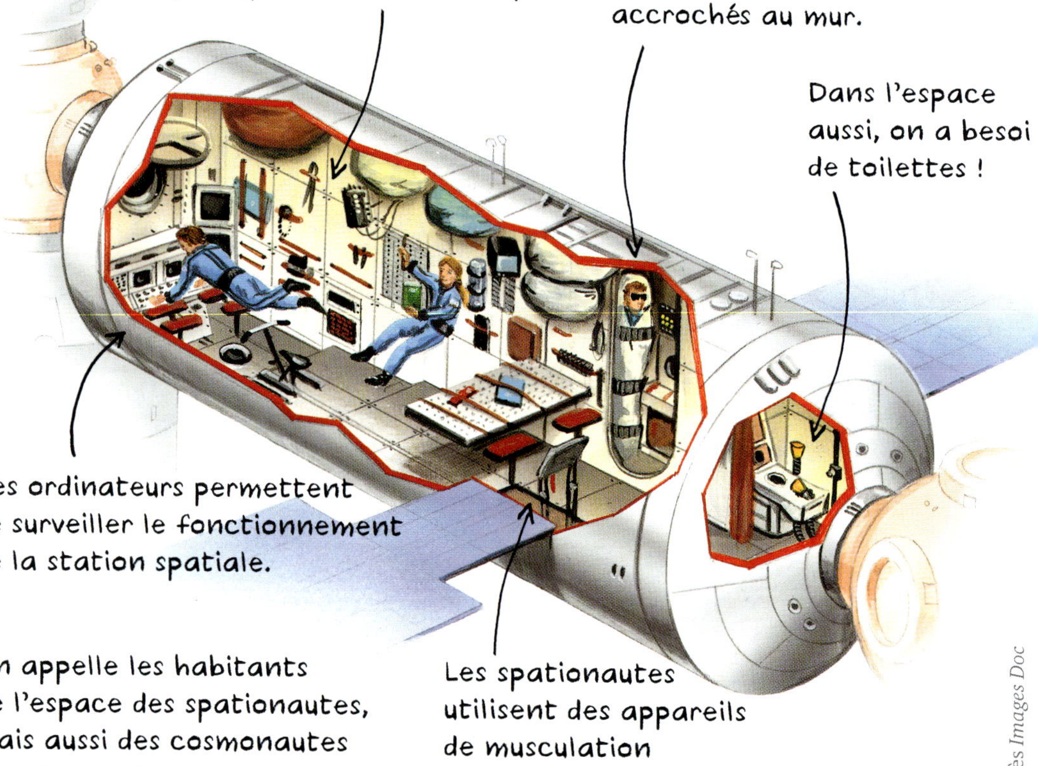

D'après *Images Doc*

Avant la station spatiale internationale, il y a eu d'autres stations spatiales, plus petites.

Saliout a été la première station spatiale. Elle a été construite par les Soviétiques en 1971.

Skylab est la première station spatiale américaine. Elle a été construite en 1973.

Mir a été construite en 1986 par les Soviétiques. Elle a été détruite en 2001. Elle a accueilli de nombreux spationautes du monde entier.

n-dépanneur de l'espace.

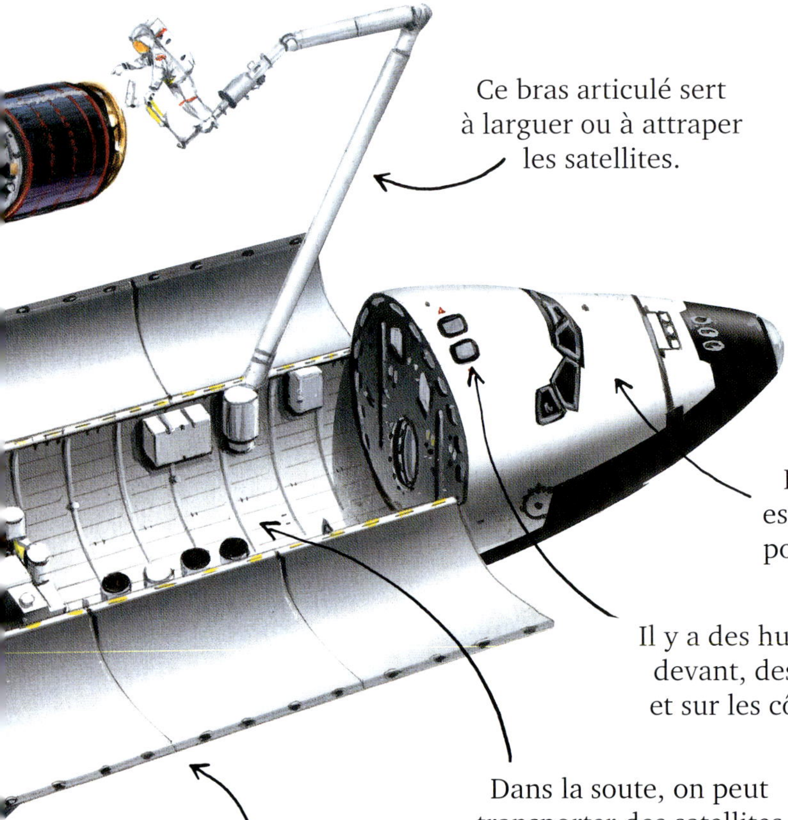

Ce bras articulé sert à larguer ou à attraper les satellites.

Le poste de pilotage est ici. Il y a de la place pour huit spationautes.

Il y a des hublots devant, dessus et sur les côtés.

Dans la soute, on peut transporter des satellites ou des morceaux de la station spatiale.

Sur le dessus, la navette a deux grandes portes qui s'ouvrent pour faire sortir ou entrer un satellite.

Pendant le lancement, le satellite est protégé ns cette sorte de coffre.

La *navette spatiale* : le ca

Grâce à la navette, on peut lancer des satellites, aller les réparer dans l'espace, et bien sûr rejoindre la station spatiale.

Les spationautes peuvent sortir dans l'espace pour réparer un satellite.

Les ailes ne servent qu'à l'atterrissage.

Trois gros moteurs servent à propulser la navette au décollage.

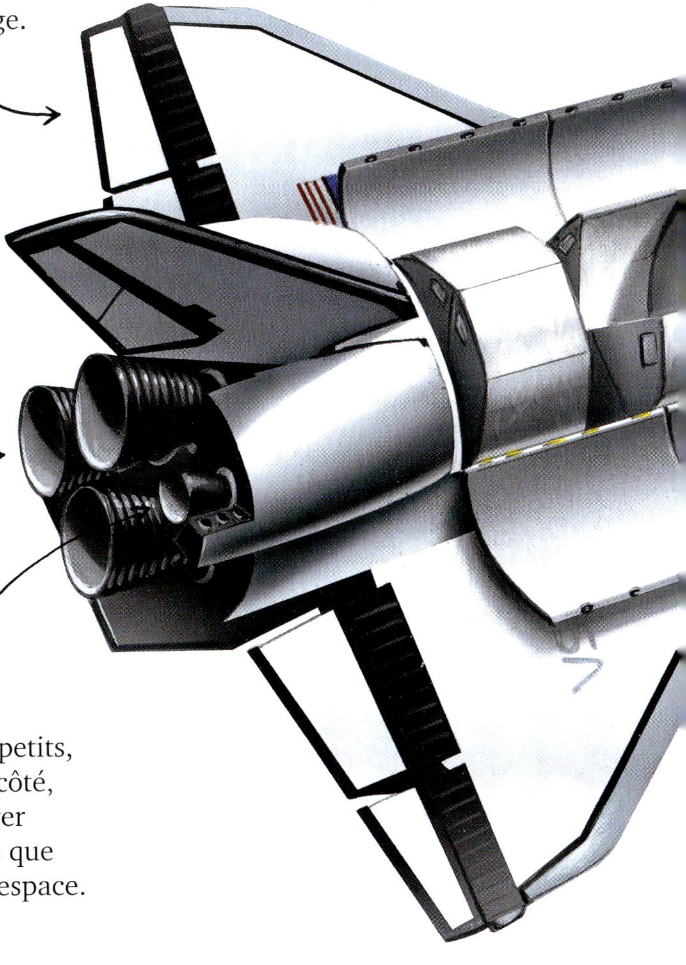

Deux moteurs plus petits, placés de chaque côté, servent à changer d'altitude une fois que la navette est dans l'espace.

Les vaisseaux de l'espace

Pour envoyer des hommes
dans la station spatiale
et les ramener,
il faut un véhicule spécial.
Celui-ci est très connu,
c'est la navette spatiale.

Le sais-tu ?

La navette spatiale est le seul vaisseau qui peut être utilisé plusieurs fois.

La navette spatiale décolle comme une fusée. Elle est accrochée à un énorme réservoir et à deux gros moteurs à poudre.

Quand la navette a terminé sa mission, elle retourne sur Terre en planant et en atterrissant comme un avion.

Il existe d'autres vaisseaux qui emportent des hommes et du matériel dans l'espace. Ils sont lancés par des fusées.

Soyouz est un vaisseau russe. Grâce à lui, les cosmonautes peuvent rejoindre et quitter la station spatiale.

Progress est un vaisseau automatique russe. Il n'a pas de pilote. Il sert à acheminer du matériel à la station spatiale.

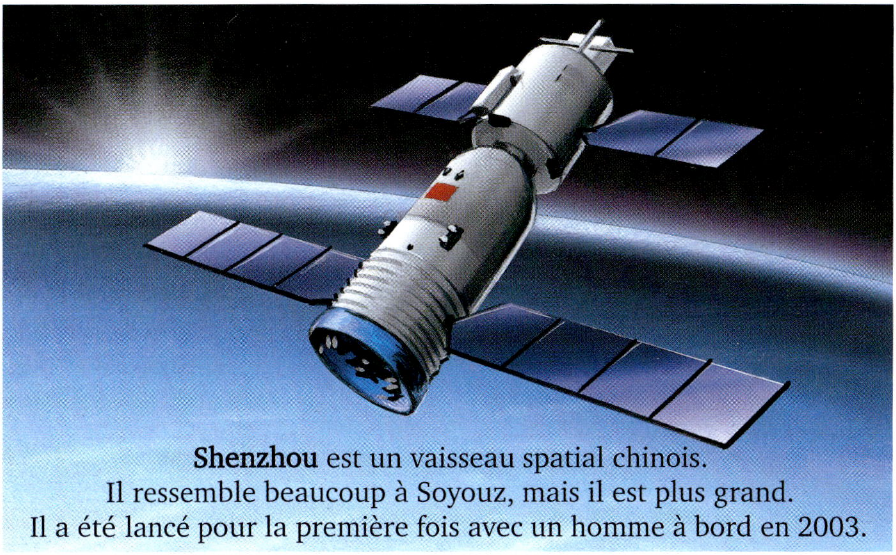

Shenzhou est un vaisseau spatial chinois. Il ressemble beaucoup à Soyouz, mais il est plus grand. Il a été lancé pour la première fois avec un homme à bord en 2003.

es qui tournent autour du Soleil.

Pluton est la planète la plus petite et la plus éloignée du Soleil.

6 milliards de km

Saturne se reconnaît à ses anneaux. Ils sont faits de poussières, de cailloux et de roches.

2,8 milliards de km

Uranus est faite en grande partie de gaz. Elle est entourée par plusieurs anneaux de poussières très fines.

4,5 milliards de km

1,5 milliard de km

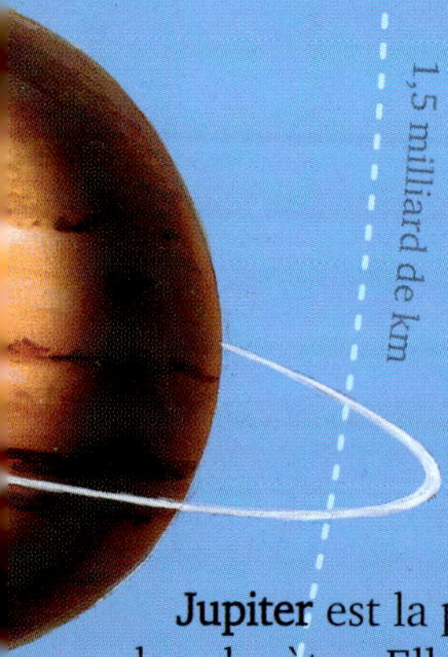

Neptune est toute bleue à cause d'un gaz contenu dans son atmosphère, le méthane.

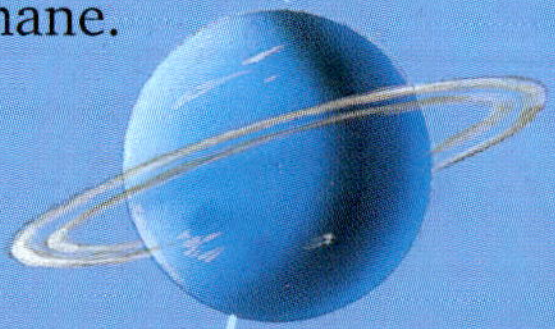

Jupiter est la plus grosse des planètes. Elle est faite de gaz. Dix-sept petites planètes tournent autour d'elle.

Le système solaire : neuf plan

Elles sont toutes différentes et très éloignées les unes des autres !

Mercure est la planète
la plus proche du Soleil,
il y fait très chaud : 600 °C.

58 millions de km

La **Terre** est la troisième
planète en partant du Soleil.
C'est la seule planète
sur laquelle la vie existe.

La Lune

Le **Soleil**
t une énorme
boule de gaz
brûlants.
est une étoile.

108 millions de km

150 millions de km

Vénus est très brillante.
C'est elle qu'on appelle
l'étoile du Berger.

230 millions de km

Mars est rouge parce que son sol
contient beaucoup de fer rouillé.
C'est un désert.

Les sondes spatiales

Elles partent explorer l'espace
à la place des hommes.
Celle-ci s'appelle *Voyager*.
Elle a permis de recueillir
des informations sur les planètes
qui tournent autour du Soleil.

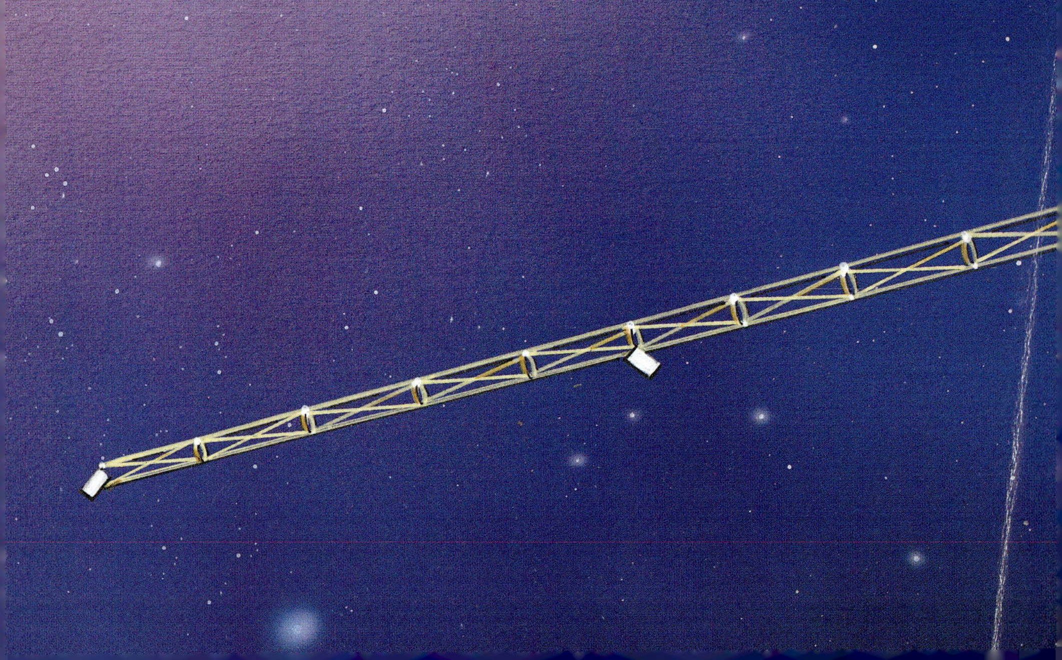

Le sais-tu ?

Deux sondes *Voyager* ont été lancées dans l'espace en 1977. Elles ont traversé tout le système solaire et elles vont poursuivre leur exploration… jusqu'en 2020 !

Pour explorer le système solaire, il y a des sondes qui restent dans l'espace et d'autres qui vont se poser sur les planètes.

La sonde **Soho** tourne autour du Soleil. Grâce à elle, les astronomes étudient le Soleil de près.

Le petit robot **Spirit** a atterri sur Mars en janvier 2004. Les scientifiques ont réussi à le piloter depuis la Terre.

Huygens-Cassini a été lancée en 1998. Elle a mis sept ans pour atteindre Titan, une petite planète qui tourne autour de Saturne.

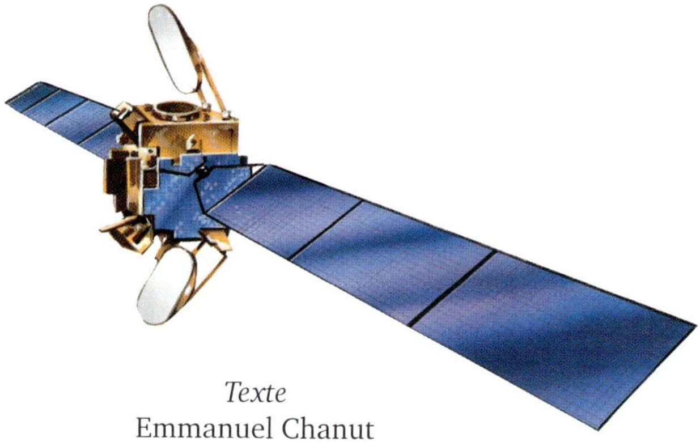

Texte
Emmanuel Chanut

Illustrations
Donald Grant

Des découvertes plein les yeux !